北海道サロベツ原野

鳥たちの365日

写真・文　富士元寿彦

北海道新聞社

▶3月4日　17:17

原野の南端・天塩川の河口付近で、日本海に沈む夕日をバックにオジロワシが塒へと飛び立った

はじめに

サロベツ原生砂丘林と砂丘林間に点在する沼沢地

北海道の北端に広がるサロベツ原野は、一年を通して風の強い日が多く、特に冬は北西の季節風が吹き荒れる。海岸砂丘や原野に生えている木の多くの枝が東向きになっているのはそのためで、地元の人には見慣れた光景だが、初めて見ると不思議に思う人が多い。原野には「ミズゴケ湿原」とも呼ばれる日本最大の高層湿原（約6700ha）が残り、食虫植物のナガバノモウセンゴケが生育し、池塘が点在する。中にはヤチマナコ（谷地眼）と呼ばれる小さな底無し沼もある。

原野の中央を蛇行するサロベツ川の西側には、南北に約20キロにわたって海岸砂丘林が続く。原野と砂丘林には、冬の結氷期以外は人が踏み込めない沼沢地が多く、鳥たちの楽園になっている。緯度が高く、夏も冷涼な日が多いため、高山系の植物も多い。初夏になると、サロベツを代表するエゾカンゾウをはじめ、海岸砂丘草原にはハマナスやエゾスカシユリ、原野ではカキツバタやイソツツジなどが次々に開花し、百花繚乱の季節が始まる。

サロベツはサハリン経由で渡りをする鳥たちの移動経路にあたるため、春と秋の渡りの時期には、ここで翼を休める多くの鳥たちでにぎわう。この時期に大群で長期間見られるのが雁たちだ。昔はまれだったマガンが、近年はオオヒシクイよりも大きい群れで渡来、滞在するようになった。その中には希少な珍鳥のカリガネやシジュウカラガン、ハクガンなども混じる。全国的に見るとガンやカモは冬鳥だが、サロベツでは一部の種類のカモを除き、秋と春先に長期滞在する旅鳥のような存在で、越冬する個体は少ない。

夏の間も見られるカモが多く、繁殖しているものも何種類かいる。ヨシガモはマガモに次いで多く繁殖しており、親子の姿が普通に見られる。砂丘林内の沼でごく少数が繁殖しているミコアイサ（別名パンダガモ）はここが日本唯一の繁殖地だ。砂丘列間の沼ではアカエリカイツブリも繁殖する。

沼周辺の林は原生砂丘林とも呼ばれる豊かな林相で、国指定特別天然記念物のクマゲラとオジロワシをはじめ多くの鳥たちが繁殖している。ここで繁殖しているオジロワシは、冬鳥ではなく一年を通して見られる留鳥だ。

サロベツで見られる鳥は、キツツキやカラの仲間などの留鳥より、夏鳥や冬鳥、旅鳥などの渡り鳥が圧倒的に多い。冬鳥たちと入れ替わりで渡来した夏鳥たちは、間もなく繁殖期に入る。オスたちの囀りがあちこちから聞こえ、求愛する姿も見られるようになる。原野や海岸草原などの平地で普通に見られるノビタキやノゴマ、ホオアカは本州では高原の鳥だ。昨今絶滅の危機に瀕しているシマアオジは、全道各地の原野や草原で昔は普通に見られた鳥だが、今はサロベツ原野で少数が繁殖するだけになった。ツメナガセキレイの数少ない繁殖地にもなっている。沼ではタンチョウが子育てをし、同じ国指定特別天然記念物のコウノトリも時折見られる。

私が動植物の撮影を始めて50年。節目の年に、サロベツを中心にした鳥たちの日常と知られざる姿を集大成する本を企画・編集していただいた北海道新聞社出版センターの仮屋志郎さん、今回も素敵なレイアウトをしていただいた時空工房の蒲原裕美子さん、そして取材に協力してくださった皆さんと、私のわがままに長年付き合ってくれている妻八千代に感謝を捧げたい。

目次

1月

●サロベツでの観察がまれな鳥

ヤチハンノキの種子を食べるマヒワ（オス）

雪原で野草の種子を食べるベニヒワたち

海岸の流木の上で休息するオオワシ成鳥

横枝に止まったヤマゲラ（オス）

幹に止まり採餌中のコゲラ

●カラマツの種子を食べるナキイスカ（オス）

幹をらせん状に上りながら虫を探して食べるキバシリ

松の枝先で餌を探すキクイタダキ（オス）

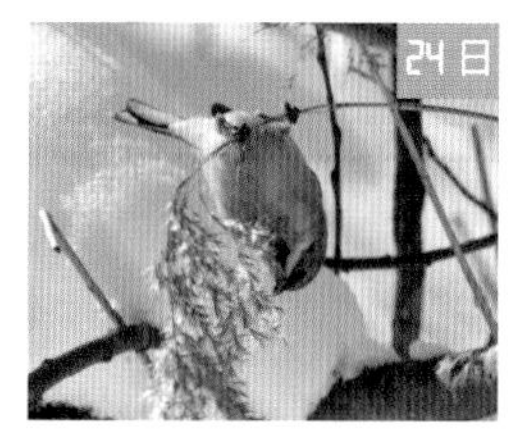

●採餌中のシベリアジュリン

小雪が舞うなか餌を探すアカゲラ（オス）

オオアカゲラ（メス）

小枝を縫って飛ぶシマエナガ

とぼけ顔のコオリガモ（オス）

くちばし以外は全身が黒いクロガモ（オス）

2月

冬羽のヒメウ

カワアイサ（オス）

シノリガモ（メス）

シジュウカラ（オス）

ウミアイサ（オス）

●トドマツの種子を食べるギンザンマシコ（オス）

●嘴に雪をつけたアオシギ

水浴びをするイスカ（オス）

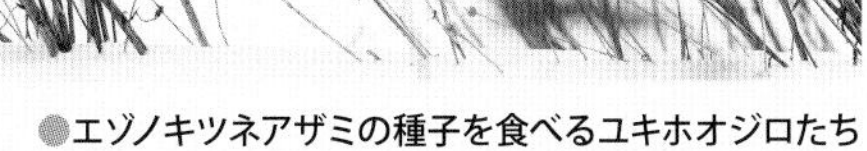

●エゾノキツネアザミの種子を食べるユキホオジロたち

水生昆虫をくわえたカワガラス

●マメリンゴを食べるハチジョウツグミ

北海道の固有種ハシブトガラ

ヒガラ

●マメリンゴを食べるノハラツグミ

コハクチョウ

●ヤチダモの種子を食べるアカウソ（オス）

●クマゲラ（メス）

3月

●サロベツでの観察がまれな鳥

●ヤマガラ

夏羽に換羽中のワシカモメ

●水中の魚を狙うヤマセミ（メス）

●夏羽のユキホオジロ（オス）

●一足早く雪が解けた牧草地に渡来し採餌休息するタゲリ

囀るミソサザイ

●コクマルガラス淡色型

ミヤマガラス成鳥

本州での越冬を終えたオオヒシクイたちの北帰行

カワアイサ（メス）

●シジュウカラガンが渡来した

●トモエガモ（オス）

北の繁殖地へ向かうウミネコ

●ケアシノスリ

●休息中のチョウゲンボウ（オス）

虫をくわえた残雪上のヒバリ

●ジョウビタキ（オス）

4月

●ホシムクドリがムクドリの群れに混じっていた

ハシビロガモ（メス）

ハシビロガモ（オス）

●マナヅルのつがい

●アメリカヒドリ（オス）

小魚を捕まえたミコアイサ(オス)

採餌中のマガモ（オス）

●冠羽を立てたヤツガシラ

●採餌中のギンムクドリ（メス）

●メジロガモ（オス）

夏羽に換羽中のアトリ（オス）

●国内の図鑑未記載のアオガンが渡来した

●羽ばたくハクガン成鳥

●渡りの途中に立ち寄った天然記念物のコクガンつがい

雪解け水で冠水した牧草地で休息するマガンとコハクチョウたち

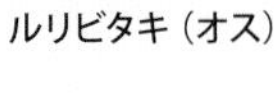

ルリビタキ（オス）

●地味な生殖羽のオカヨシガモ（オス）

5月

●サロベツでの観察がまれな鳥

●獲物を探して飛ぶマダラチュウヒ（オス）

●オオルリ（オス）

●迷鳥のセグロサバクヒタキ夏羽（オス）

キアシシギ

●胸の白い線が特徴のアメリカコガモ（オス）

●クロツラヘラサギ若鳥（右）とコサギ

●黄色いアイリングが特徴のカリガネ

●地上で餌を探すクロツグミ（オス）

ヒドリガモ（オス）

モズ（オス）

エゾヤマザクラの花をくわえたニュウナイスズメ（メス）

アカハラ（オス）

採餌中のキンクロハジロ（メス）

●アカガシラサギ（右奥）とチュウサギ

センダイムシクイ

●ツバメと似た体型のツバメチドリ

ツツドリ

夏羽のメダイチドリ

イソヒヨドリ（オス）

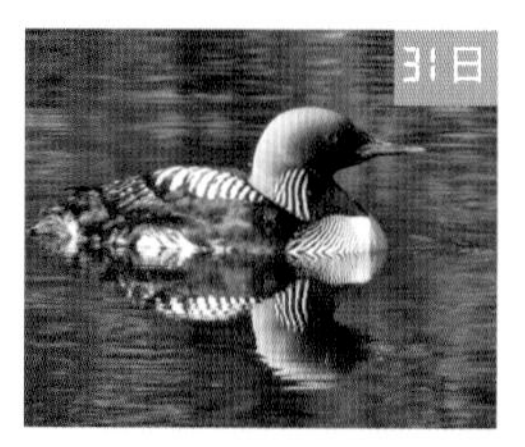

●シロエリオオハム夏羽

6月

囀るウグイス

●迷鳥コグンカンドリの若鳥

羽づくろいをするコサメビタキ

オオジュリン（オス）

●にぎやかに囀るオオヨシキリ

●シマアオジ（メス）

●シマアオジ（オス）

シマセンニュウ

松の梢で囀るオオジシギ

オオイタドリの葉の上で囀るノゴマ（オス）

ビンズイ

ベニマシコ（オス）

新緑のイタヤカエデの樹上で鳴くカッコウ

●セグロセキレイ

●餌を探すクロウタドリ（オス）

囀るホオアカ

コヨシキリ

アオジ（オス）

ノビタキ（メス）

●クロハラアジサシ

7月

●サロベツでの観察がまれな鳥

エゾニュウの花に止まったカワラヒワ（オス）

タニシを飲み込むバン

オオタカ親子（亜成鳥の母親）

ペリットを吐き出すハシボソガラス

巣を固めるための泥をくわえたツバメ

●虫を食べるアマサギ若鳥

オニシモツケの花に止まったノビタキ（オス）

●片翼伸びをするコウノトリ

●クマタカの飛翔

エクリプスに換羽中のヨシガモ（オス）

●囀るホオジロ（オス）

ジャガイモ畑の中で獲物を食べ始めたハヤブサ若鳥

ヒナのためにアリの蛹をくわえて運ぶアリスイ

捕まえた大きなコイに手こずるミサゴ

アカエリカイツブリ夏羽

カンムリカイツブリ夏羽

高速で飛び回るアマツバメ

●急に打ち寄せた波に驚くミヤコドリ

砂利道に出てきたウズラ

トラツグミ幼鳥

8月

イワツバメ

アオサギ若鳥

エゾニワトコの実を食べるアオバト（オス）

冬羽に換羽中のハジロカイツブリ

ノリウツギの飾り花に止まったノビタキ幼鳥

ムクドリの群れに混じるコムクドリ

下嘴も黒いカワセミ（オス）

エゾライチョウ（オス）

●電線に止まったチゴハヤブサ

赤く熟したエゾニワトコの実を食べるミヤマカケス

クサシギ

小さな虫を捕まえたイソシギ

カイツブリ

タカブシギ

クイナ

9月

●サロベツでの観察がまれな鳥

尾羽が換羽中のチュウヒ(オス)

ショウドウツバメ

タシギ

沼岸の浅瀬で餌を探すアオアシシギ(手前)

キジバトの歩行

オオバン

●ツミ(メス)

●松の梢で休息するホシガラス

防波堤でくつろぐユリカモメ

トビ

アキアカネをくわえたハクセキレイ

●ナベヅル亜成鳥

●枯れ草をくわえて飛び跳ねるタンチョウ

オオタカ

チュウシャクシギ

虹を背景に飛ぶオオヒシクイ

片翼伸びをするオオヒシクイ

●アオハクガン

亜種ヒシクイ。オオヒシクイより小さい

低空で獲物を探すノスリ

10月

牧草地のオオヒシクイ家族

水面の上を低く飛んで獲物に向かうハヤブサ幼鳥

●クロヅル（右）と●マナヅル

●シジュウカラガン（左）と●チュウカナダガン

牧草地へ降りようと着陸体勢に入ったマガンの一群

冬羽に近いキセキレイ（オス）

●コチョウゲンボウ若鳥

ナナカマドの実を食べるウソ（メス）

ヤマブドウとツグミ

オオイタドリの種子を食べるベニマシコ（メス）

ルリビタキ若鳥（オス）

水面で立ち上がり羽ばたきをするカルガモ

ナナカマドの実を食べるキレンジャク

茜色に染まった空を塒に向かって飛ぶムクドリの群れ

11月

●サロベツでの観察がまれな鳥

ほとんど冬羽のハマシギたち

●ツメナガホオジロの群飛

ツルウメモドキの実を食べるハシブトガラス

ナナカマドの実を食べるヒヨドリ

●換羽が始まったハシジロアビ

頬の黒斑が濃くなってきたスズメの若鳥

ダイサギ

雪の中を飛ぶタンチョウ

ナナカマドの実を食べるシメ

渡来したオオワシと利尻島

生殖羽に換羽中のミコアイサ（オス）

樹洞で眠るエゾフクロウ夫婦

●ツメナガホオジロ冬羽

●雪上で休息中のコミミズク

つがいのオオハクチョウ

12月

●オオモズ

ハイタカ亜成鳥（メス）

朝の食事を終えてくつろぐオジロワシとオオワシ

●コベニヒワ

●極北からの珍客シロフクロウ

低空飛行するオオワシ成鳥

●シロハヤブサ幼鳥

ホオジロガモ（オス）

シノリガモ（オス）

シロカモメ成鳥冬羽

結氷間近い水面で休息中のホオジロガモの群れとシロカモメたち

オオセグロカモメ成鳥冬羽

▶5月6日　18:31

北帰行の途中に原野に立ち寄ったマガンの群れ。上空には珍鳥のハイイロチュウヒ（オス）、背景は残雪の利尻山

巣作りはDIY

鳥たちの巣は子育てをするための自作マイホーム。樹洞に巣を作る場合以外は手間のかかる仕事だ。大きな巣は、丈夫な枯れ枝を器用に組んで作る。アオサギやカワウのコロニー（集団営巣地）では、家主が目を離すと巣材が盗まれるため、留守番が必要だ。

1　カワウの巣作り。巣の上で巣材泥棒の見張り番（4月28日）
2　枯れ枝を運ぶカワウ
3　巣材をくわえたツバメ

4　アオサギたちはコロニー作りに忙しい（4月5日）
5　巣材を運ぶアオサギ
6　オジロワシが巣に敷く枯れ草を運ぶ
7　巣の補強をするオジロワシ（5月15日）

プロポーズは水草で

7月上旬、頬から首の飾り羽を立て、頭の冠羽も勇ましく、カンムリカイツブリの夫婦が奇妙な行動を始めた。互いに首を振って踊るような仕草をした後、別方向に泳いで水に潜る。やがて浮き上がると、嘴に何かをくわえている。それは、沼底に沈んでいる枯れた水草。再び近寄り向かい合った夫婦は、立ち上がって求愛ダンスを始めた。

1 メス（左）に求愛ディスプレイをするオス
2 衝動に駆られたのか行動が活発になってきた
3 互いに潜水し、枯れた水草をくわえて近寄る
4 くわえている水草を重ねると求愛ダンスはピークになる
5 数秒間向かい合った後、水草は捨てられる
6 そして交尾

それぞれの愛の形

1

2

3

4

鳥たちの求愛行動は種類によりさまざま。コウノトリは嘴をカタカタカタと打ち鳴らしながら頭部を反り返す。タンチョウ夫婦は華麗な求愛ダンス。カモの仲間は、オスがメスのそばに近寄り、お辞儀と頭部の反り返しをするのが一般的な求愛方法だ。

1～4　コウノトリの求愛行動「クラッタリング」。相手がいないのに単独で一連の動きを繰り返す（7月9日）
5　突然、求愛ダンスを始めたタンチョウのつがい（9月21日）
6　鳴き交わしをするオジロワシ夫婦（手前がオス）（3月4日）
7　交尾をするオジロワシ（3月17日）
8　メス（奥）に自己アピールをするシノリガモのオスたち（3月1日）
9　求愛するコオリガモのオス（左）（12月17日）
10　コガモ（オス、右）の求愛行動（4月16日）

5

8

9

10

男はつらいよ

カワセミのメスがオスの帰りを待っていた。間もなくやって来たオスは、くわえていた魚をメスにプレゼント。求愛給餌が行われた。微笑ましいシーンに見えるが、実は現実主義者のメスがオスの稼ぎを確かめているのだ。甲斐性のないオスは離縁というシビアな世界だ。

1　魚をくわえたオス
2、3　オス（右）からメスへの受け渡し
4～6　交尾の瞬間（7月4日）

4
5
6

▶5月27日 10:57

ハルザキヤマガラシ咲く草地で出合ったオオヒシクイのつがい

大きくなーれ

6月上旬、マガモのヒナたちが徒競走のように母親の先を駆けてくる。カモやエゾライチョウ、コチドリなどのヒナは、孵化後間もなく歩き回り、自力で餌を探して食べる早熟ものだ。抱卵が続いていた多くの巣では、春の終わりから初夏にかけて卵が孵化し、親は子育てに忙しい。

1　コチドリの親子
2　巣立ちビナ（左）に給餌する母モズ
3　アリスイのヒナ（右）も巣立ち間近。アリの蛹が大好物
4　仲良く歩くエゾライチョウの親子
5　孵化後1週間ほどのエゾライチョウのヒナ
6　地面を歩いて移動するマガモの親子
7　猛禽ノスリの給餌
8　給餌中のバンの親子

4
5
6
7
8

母の心子知らず？

6月下旬、奥深い砂丘林の沼でミコアイサの親子を見つけた。サロベツは日本で唯一の繁殖地として知られるが、親子の姿が見られることは滅多にない。子育ては他のカモと同じくメスだけ。子は自力で採餌をして成長する。母親は常に天敵の接近を警戒し、休まることがない。

1　コウホネの葉の上で眠るヒナたち（孵化後3、4日）
2　孵化後10日ほど経ち、葉が沈むようになった
3　沿岸の倒木で休息する親子（孵化後約2週間）
4　3週間目
5　4週間目になると潜水も上手になる
6　羽ばたきの練習を始めた（孵化後約6週間）
7　すっかり成長したヒナが飛び立つ（孵化後約9週間）
8　このころになると、親とわずかに違うのは嘴の色だけ

1

2

3

4
5
6
7
8

▶6月16日 13:11

エゾカンゾウ咲く海岸砂丘草原で、巣立ったヒナ（左）に給餌するノビタキ（メス）

体寄せ合い命つなぐ

ヨシガモの親子が餌を食べはじめた。ヒナたちは自分で餌を探して食べるので母親は給餌不要。一見楽をしているようだが、タカなどの天敵が襲って来るのをいち早く見つけ、ヒナたちを避難させなくてはならない。一瞬の油断が命取りなのだ。

1　孵化後5日ほどのヒナ（7月2日）
2　孵化後1週間ほど経った親子
3　沼岸で休息するヒナたちと、周囲を警戒する母親
4　孵化後10日ほどのきょうだい
5　イネ科の水草マコモの若葉を食べるヒナ
6　孵化後2週間が過ぎた

1

2

3
4
6

▶7月18日　14:25

ヒシの沼を泳ぐヨシガモ一家。孵化後 2 週間ほどのヒナたちは虫などの餌探しに夢中だ

ヒナもつらいよ

1

2

ヒナをおんぶするのはカイツブリの仲間特有の育雛方法。アカエリカイツブリの夫婦は子守り役と給餌役を交代で務める。背負うのは孵化後約２週間だが、その後６週間ほどは餌をもらう。自立が近づくにつれ給餌回数は減る。孵化後２カ月を過ぎる頃、親が子を追い払う「子別れ」が始まる。

1、2　ヒナを背に乗せて子守り（6月30日）
3　親子でポーズ（孵化後約1カ月）
4　母親に甘えるヒナ（孵化後約5週間）
5　子別れ。親が子を追い払う（8月25日）

家族

6月下旬、巣立ち間近いクマゲラのヒナが巣穴から顔を出し、しきりに餌をねだっている。巣立ちを前に給餌の回数を減らされ空腹なのだ。一番ポピュラーなキツツキであるアカゲラも木の幹をくり抜いて作った巣穴の中で子育てをするが、巣立ちはクマゲラより一足遅いことが多い。

1　アカゲラ（オス）と巣立ち間際のヒナ
2　クマゲラの巣外給餌
3　巣立ち間近のクマゲラのヒナ（オス）
4　メスのヒナ（下）も顔を出した

雨の中、狩りに出かけていたオジロワシの母親が獲物の魚を持って帰巣し、早速ヒナたちに給餌を始めた。狩りと留守番役は交代制なので、今度は父親が狩りに出かける番だ。給餌後、母親は雨で濡れたヒナたちを抱いて温め、子煩悩な一面を見せた。

1 オジロワシの一家。右が父親（5月26日）
2 濡れたヒナを温める
3 子を縄張りから追い払おうとする親（右）。子を傷つけないよう、足をつかんでいる。子別れの一場面（7月23日）

▶7月20日 10:44

休息していたイソシギが、活動を始める前に両翼伸びをした

ヨッ！

伸び。ひと休みを終えた鳥たちが、活動を始める前に行うウオーミングアップだ。左右の翼と足を片方ずつ伸ばす「片翼伸び」をした後、両方の翼を持ち上げる「両翼伸び」で１セット。両翼伸びは瞬間的で、省略されることも多い。

1　カワセミ（オス）の片翼伸び
2　続いて両翼伸び
3　シマアオジ（オス）の片翼伸び
4　両翼伸び
5、6　コウノトリの片翼伸び
7　夏羽のアカエリヒレアシシギ（メス）
8　イスカ（オス）。これも片翼伸び
9　マナヅル
10　夏羽のハクセキレイ（オス）
11　夏羽のキセキレイ（オス）

5
6
7
8
9
10
11

ん？

頭掻き。嘴が届かないところを足の爪先で掻く。方法は二つ。小鳥やシギに多いのが翼越しに掻く「間接頭掻き」。足を持ち上げて直接掻く「直接頭掻き」はカモや猛禽類に見られる。

1　シマアオジの間接頭掻き
2　ダイサギの直接頭掻き
3　セイタカシギ（オス）のこれは間接頭掻き
4　コチドリの間接頭掻き
5　コムクドリの器用な間接頭掻き

こちらはお手入れ。きれい好きの鳥たちは、羽毛や羽を嘴でくわえ、丁寧に、手早くしごく。

1　チュウヒ（メス、若鳥）
2　カワウ
3　アオシギ
4　オシドリ（オス）
5　マガモ（オス）は霧雨の中で
6　コオリガモ（オス）の尾羽の手入れ
7　ヒヨドリ

準備よし！

新緑が映える野山では、大きな口を開けて囀る小鳥たちの姿が見られるようになった。囀りは種類ごとに異なり、オスがメスを誘うラブコールと、縄張り宣言を兼ねる意味がある。キジバトとツツドリは胸を膨らませて鳴く。

1　ノビタキ
2　コヨシキリ
3　オオジュリン
4　キジバト
5　センダイムシクイ
6　コルリ
7　キビタキ
8　ベニマシコ
9　シマアオジ
10　囀り途中のコヨシキリ
11　オオヨシキリ
12　ノゴマ

1

2

3

4

5

6
7
8
9
10
11
12

▶7月25日　7:21

沼のほとりで、タンチョウ一家の夏の朝。2羽の子は孵化後約1カ月

悲劇は突然に

カンムリカイツブリの巣は沼に生えるヒシの茎と葉を土台に作られる。7月17日、そこで抱卵をしていたつがいが、突然警戒の声を上げた。大きな翼が舞い降りる。天敵のチュウヒが卵を狙ってやってきたのだ。隣の巣の仲間も加勢し、命をかけた壮絶な争いを繰り広げた。

1　抱卵中のオスと、巣材を運んできたメス
2～4　オスは天敵の急襲に立ち向かうが、とうとう首をつかまれてしまう
5　巣上で卵をむさぼるチュウヒに、なおもモビングで抵抗するが……

1

2

3

4

5

▶7月28日　16:45

父親チュウヒから子へ餌の受け渡し。これが狩りの訓練にもなる

空中給餌で狩りの訓練

7月下旬、巣立ち後2週間ほどのチュウヒ幼鳥が2羽、3羽と、親が運んできた餌をもらいにササ原から飛び上がった。狩りの技術習得にもつながるチュウヒ独特の給餌方法だ。

1 親が餌を捕ってきた。獲物の小鳥は羽毛が抜き取られている

2 餌を受け取るのは早いもの勝ち。幼鳥たちはピィーピィーと鳴きながら全力で親の元へ

3 幼鳥が追いつくタイミングで親が餌を落とす

4　落ちてきた餌を空中で
キャッチ！

5　幼鳥が無事に餌を受け取ったのを見届けると、親はまた狩りへ

6　よほど空腹だったのか、幼鳥は空中で餌にかじりついた

▶8月18日　8:45

カンムリカイツブリの巣上を低空で飛び去るアオサギ若鳥

餌場の決闘

9月上旬、アオサギの若鳥が、沼の浅瀬で餌探しをしていた。そこにもう1羽が飛来し、争いを始めた(1)。体が大きいので迫力ある闘いだ。数回の攻防を繰り返し、年上の若鳥が逃げ去った(2)。餌場の権利を巡る争いは一瞬の油断も許されない。

9月下旬、浅瀬をせわしく歩き回りながら採餌するタカブシギ。はじめは平穏だったが、突然2羽が激しい小競り合いを始めた。互いに嘴を噛み合ったまま上下左右に動きながら、時々長い足で蹴り合い、頭や背中にも容赦なく攻め込む。決着がつくまで、目にも留まらぬ速さで闘いは続いた。

だからケンカはやめられない

争いの３大原因は「餌」「縄張り」「メスを巡って」。写真６では、巣材泥棒にやってきた隣の巣のオスに対して、カンムリカイツブリの家主（オス）が猛然と攻撃を始めた。盗人も猛々しく応戦――。時々見られるシーンだが、盗人に負い目があるからか、勝つのはたいてい家主の方だ。

1　餌を取り合うオオワシ若鳥とキタキツネ
2　恋敵のオス（右）を追い払うヨシガモ（オス）
3　メスを巡るオナガガモ（オス）の争い
4　噛みつき合うオオヒシクイ
5　カワウ。大きな魚を飲み込みながら、横取りに来た相手に応戦
6　夏羽のカンムリカイツブリ
7　餌場を巡るカワセミの小競り合い
8　珍鳥ノハラツグミ（下）とハチジョウツグミ

強い敵にはモビングで

崖に巣穴を掘って作られたショウドウツバメたちのコロニーの一角で、親鳥たちが騒いでいる（4）。よく見ると、なんと巣穴から大きなアオダイショウが。親鳥たちはモビングで対抗する。モビング（擬攻撃）とは、弱い立場の小さな鳥が、捕食者であるフクロウやタカなど大きな敵に対して集団で騒ぎたてること。単独で行う場合もある。自分の巣に托卵しようとするカッコウやツツドリに対して行われることも多い。

1 毛虫をくわえて飛ぶカッコウにモビングを仕掛けるノビタキ（メス）
2 オオワシにモビングするハシボソガラス
3 ハヤブサ幼鳥とハシブトガラス
4 ヒナを狙うアオダイショウとショウドウツバメ
5 カモを捕まえたオオタカにダイサギがモビング
6 ミサゴにモビングするアオサギ若鳥

4

5

6

▶9月14日 12:47

チュウダイサギ（左）をモビングで追い払うアオサギ

正面顔

正面から見た鳥たちの顔はなんとも個性的だ。横顔では気づかなかったかわいさを発見することもある。よく見ると、隣のおじさんのような顔も……。

1 マナヅル
2 コオリガモ（オス）
3 カワウ
4 冬羽に換羽中のカンムリカイツブリ
5 カリガネ
6 カンムリカイツブリ幼鳥
7 シマエナガ
8 コムクドリ（オス）
9 夏羽に換羽中のタヒバリ
10 オオワシ亜成鳥
11 オジロワシ成鳥
12 コウノトリ
13 ミヤマカケス
14 シメ冬羽
15 冠羽と飾り羽を立てた夏羽のカンムリカイツブリ
16 エゾライチョウ（メス）

1 2 3

4

5

6

7
8
9
10
11
12
13
14
15
16

横顔

嘴は主食になる餌によって形状が違う。先が鋭く曲がっているのはワシ・タカ、フクロウなどの猛禽類。長くて先がとがった嘴はサギやコウノトリ、カワセミなど魚を捕食する鳥。太くて短い嘴は草や木の種子を食べるのに適し、細い嘴は虫を主食とする小鳥たちに多い。

1 アマサギ
2 コムクドリ（オス）
3 オジロワシ
4 ヒバリ
5 カリガネ
6 ハシビロガモ(オス)
7 ウミアイサ（オス）
8 タヒバリ
9 ヤマセミ（メス）
10 ノビタキ（オス）
11 ベニマシコ（オス）
12 夏羽のカワウ
13 アネハヅル
14 コウノトリ
15 マナヅル
16 ビロードキンクロ（オス）
17 ヨシガモ（オス）

8
9
10
14
12
13
15
17

背中

ほとんどの鳥は後ろ姿で見分けがつく。ただ、顔が見えないので、これらの写真では何をしようとしているところかは分からない。次の行動を想像するのも楽しいひとときだ。

1 カワセミ
2 ベニマシコ（オス）
3 ツメナガホオジロ
4 シマアジ（オス）
5 ハシブトガラ
6 ギンザンマシコ（メス）
7 ミヤマカケス
8 マナヅル
9 カワウ
10 コゲラ
11 オシドリ（オス）

2

1

3

4

5
6
7
8
9
10
11

▶9月25日　6:59

冬羽への換羽が進み、嘴が黒から黄色に変わったダイサギ

間一髪！

9月14日、マコモが密生する沼岸。その葉陰にあるフトイに止まって休息しているカワセミの幼鳥がいた。そこに、チュウヒが獲物を探しながら飛んできた。目ざとくカワセミを発見して急襲、猛スピードで降りてくる。結末は……

1　チュウヒがカワセミ（写真下）を発見
2　水中へ逃げ込もうとするカワセミ
3　「捕まえた」と思った次の瞬間、獲物は飛び去った

1

2

3

「青い宝石」の華麗な狩り

水辺の枝などに止まって水中の魚を狙い、チャンスとみるとすかさずダイビング。これがカワセミの得意技。時にはホバリング（停空飛翔）をしながら魚を狙うこともある。一直線に飛び込み、獲物をくわえて飛び上がる。コバルトブルーが水しぶきに映える一瞬だ。

1～6　ホバリング
7　ダイビングして飛び上がる
8　獲物をキャッチ

1　2

7

3
4
5
6

8

狩りはつらいよ

11月上旬、コハクチョウが渡来した晩秋の沼で、オジロワシがオオヒシクイを捕まえた。襲われたのは、けがをした飛べないオオヒシクイ。いつもはオジロワシが接近するといち早く逃げ去るオオヒシクイたちは、仲間を案じてか、その場から離れなかった。

1　獲物に襲いかかるオジロワシ
2　コハクチョウの群れに逃げ込んだオオヒシクイを捕まえた
3　次の瞬間、オジロワシの背中にコハクチョウが噛みついた
4　結局オジロワシは、50メートルほど離れた沼岸まで水面を引きずるようにして獲物を持ち去った

1

2

3

4

食物事情 肉食編

大きく口を開けたカワセミがペリット（骨などの未消化物の塊）を吐き出した。虫や魚、ノネズミや鳥を主食にする種は、みなペリットを出す。肉食の鳥は、狩りや漁の腕前が未熟だとなかなか獲物が捕れず、虫が少ない時期も捕食に苦労する。餌が不足する冬場に南下する鳥が多いのはそのためだ。

1 ペリットを吐き出すカワセミ幼鳥
2 ドジョウを飲み込むコウノトリ
3 大きなフナを丸のみするカワウ
4 捕まえた虫を口に放り込むヤツガシラ
5 カンムリカイツブリも獲物にありついた
6 大きなフナを捕まえたミコアイサ（メス）
7 アオサギ幼鳥の魚捕り
8 死んだ魚をくわえて飛ぶカモメ
9 チュウシャクシギはハネナガキリギリスをパクリ
10 腐朽木をつついて虫を探すオオアカゲラ（メス）

1

2

3

4

5

6
7
8
9
10

食物事情 草食編

マガンなど雁のサロベツでの主食は牧草だ。牧草地に大群で押し寄せる。沼に生えるヒシの実を好むためその名がついたヒシクイも牧草を好む。他にも、草や水草、草木の種子や冬芽などを食べる草食の鳥は少なくない。多くの鳥たちは、冬は種子や冬芽などを主食とし、夏の間は虫も食べているようだ。

1 草の種子を食べるアネハヅル
2 採餌するツメナガホオジロ（オス、冬羽）
3 フキノトウの種子を食べるベニマシコ（オス）
4 海草を食べるコクガンのつがい
5 水草をくわえるキンクロハジロ（メス）
6 野草の種子を食べるベニヒワ若鳥（オス）
7 沼の底から探したヒシの実をくわえるオオヒシクイ
8 普段は魚を食べるカンムリカイツブリ幼鳥がヒシの茎をくわえていた
9 エゾニワトコの実を食べるオオジュリン幼鳥
10 タンポポモドキの花を食べるエゾライチョウ若鳥（オス）

1

2

3

4

5

6
7
8
9
10

食べたあとは…

スズメ大のカワセミは体に似合わず大食漢。排泄する糞も多量だ。カワウやワシ・タカの仲間など肉食の鳥たちはよく、白い液状の糞を勢いよく飛ばしている。「出物腫れ物所嫌わず」のことわざどおり、飛びながら排泄することも多い。

1　シマアオジ（オス）の排糞
2　カワセミの排糞
3　タンチョウ
4　チュウヒ（オス）は両翼伸びをしながら
5　液状の糞を勢いよく飛ばすカワウ

6　コウノトリ
7　オオヒシクイは飛びながら
8　タカブシギも
9　オオワシ成鳥は豪快に
10　ヤマセミ（メス）はエレガントに？
11　エゾフクロウ幼鳥もちょっと失礼！

▶9月26日　17:05

夕暮れの沼で、タニシなどの餌をついばむタンチョウの親子

歩く鳥たち1

雁やカモが尻を振りながら歩く姿は愛嬌たっぷりで見ていて楽しい。鳥たちの歩き方には、左右の足を交互に出して歩く「ウオーキング型」と、ピョンピョン跳びはねながら歩く「ホッピング型」がある。歩き方にも個性が表れる。

1　コチドリのウオーキング型歩行。千鳥足の語源だ
2　シマエナガが枝の上を歩く
3　ハチジョウツグミのウオーキング型。ホッピングも見せる
4　ミヤマカケスはホッピング型
5　横歩きで枝を伝うカワセミ（オス）
6　オシドリ（メス）

1

2

3

4

5

7　ツバメチドリ
8　オオバン。弁足と呼ばれる木の葉状の水かきがある
9　ホシムクドリ
10　ダイサギのウオーキングは大股で

歩く鳥たち2

鳥の歩き方はウオーキング型が圧倒的に多い。ツルやサギたちは大きな歩幅で速く歩く。ワシやカワウも速く上手に歩ける。カラスのように両方の型で器用に歩く種もいる。

1　ハシブトガラスのウオーキング
2　ホッピングもできる
3　餌を探し歩くマナヅルのつがい
4～6　カワウが地上を歩く

7　オオワシ亜成鳥について歩くハシボソガラス
8　エゾライチョウ（オス）が枝の上を歩く
9　おっと危ない。でも右足で枝をしっかりつかんでいるから大丈夫
10　翼でバランスをとりながら左足を枝に戻す
11～13　オシドリ（オス）のウオーキング型歩行

水浴び

カモや雁などの水鳥たちは水浴びが大好き。ダイナミックに水しぶきを上げて何度も繰り返す。時々水中で体を回転したり、潜水したりするのもいる。羽毛を洗うほかに、羽ジラミなどの寄生虫を落とすためでもある。寄生虫対策としては、砂浴びや、アリの巣の上で蟻酸を浴びる蟻浴もある。

1 ヨシガモ（メス）の水浴び
2 オオハクチョウ
3 イソシギ
4 コオリガモ（オス）
5 マガモ（オス）
6 カワセミはダイビングで水浴び
7 夏羽のキセキレイ（オス）
8 アリの巣の上で蟻浴をするミヤマカケス
9 砂浴び後にウズラが身震い
10 日光浴をするアカゲラ（メス）
11 翼を広げて羽毛を乾かすカワウ

▶9月28日　10:11

ツルシギの群飛。コガモが１羽混じる

飛ぶ

翼に受ける風をうまく利用して飛ぶ姿や、悠々と大空を舞う姿がバードウオッチャーを引きつける。尾羽も重要な役割を果たしている。飛ぶことは鳥たちには当たり前の行動だが、見る者にとっては大きな魅力だ。

1　コハクチョウたち
2　カワアイサ（オス）
3　獲物を探しながら飛ぶコミミズク
4　マガンの落雁飛行。餌場を目指して急降下する
5　ケアシノスリが一瞬だけ背面を見せた
6　獲物の魚をつかんで飛ぶミサゴ

4

5

6

舞う

オオワシ成鳥

ヨシガモ（オス）

オオタカ成鳥

オオヒシクイ成鳥

ハヤブサ幼鳥

オオセグロカモメ

ハシブトガラ

ミヤマカケス

オジロワシ成鳥

タンチョウ成鳥

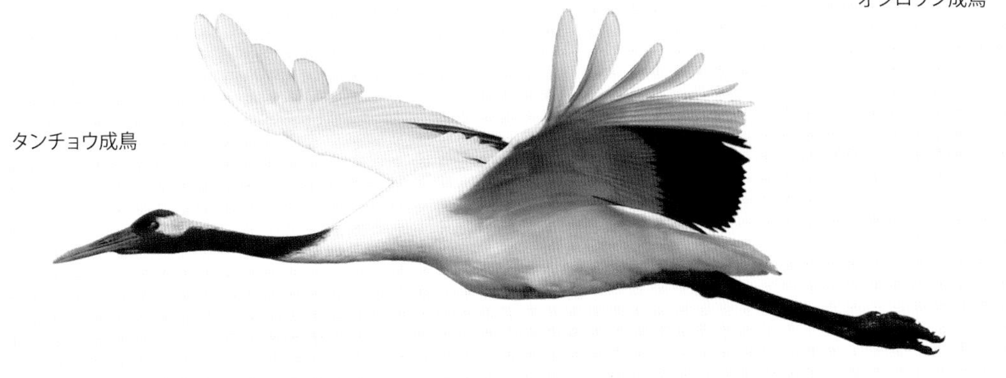

マガン成鳥

カワウ成鳥夏羽

飛び立つ

飛び立ちは必ず向かい風方向へ。危険を感じた瞬間に飛び立てるよう、休んでいる時も体の向きは常に風上を向いている。体が重たい大型の鳥は、浮力をつけるために助走が不可欠。以下の写真では、カリガネ、コウノトリは助走あり、軽くて翼の大きいタゲリは助走なしで飛ぶ。

1～3　カリガネ
4～7　コウノトリ
8～11　タゲリ

3

7

6

11

10

2
1
5
4
9
8

水鳥の飛び立ちと着水

ホオジロガモやアカエリカイツブリなども、水面を助走して浮力をつけて飛び立つ。雁やハクチョウなども同じだ。水面を全力疾走する姿は迫力満点。離水・着水時の水模様も見逃せない。

1　結氷前の水面に着水するホオジロガモ（オス）。右の2羽はカワアイサ（オス）（12月28日）
2　ホオジロガモ（オス）の飛び立ち
3　こちらは着水したホオジロガモ（オス）

4　飛び立つアカエリカイツブリ成鳥（夏羽）
5　アカエリカイツブリ成鳥の着水

4

5

11月10日 8:09

晩秋の雨上がり、ナナカマドの実を食べるツグミ

威嚇か、実らぬ恋か

9月24日、初秋の沼に渡来した珍鳥コウノトリにタンチョウの若者がまさかの求愛行動を始めた。独り身のタンチョウがコウノトリに恋をしてしまったのか？　嫌がるコウノトリにつきまとう姿はまるでストーカー。が、縄張り意識の強いタンチョウの威嚇行動である可能性も高い。タンチョウの求愛ダンスとオス同士の威嚇行動は、一見しただけでは区別がつきにくい。

1

2

3

4

1　コウノトリ（左）につきまとう若いタンチョウ
2、3　コウノトリ（右）に求愛行動（？）をするタンチョウ
4　タンチョウ（右）に背を向けるコウノトリ
5、6　逃げるコウノトリ、追うタンチョウ

動物社会1

長年鳥たちを見ていると、予期せぬハプニングや意外なシーンに出合う。中には、この先二度と見られないような場面もある。そうした出合いはたいてい不意に訪れる。だから、フィールドではいつも気を抜けない。

1　くつろぐ牧場の牛にアマサギ夏羽が「こんにちは」
2　「ここは私の場所よ！」。（左から）アオサギとカワウ、珍鳥ヘラサギ幼鳥の陣取り合戦
3　（左上から）アマサギ（？）、ダイサギ、アオサギ、ダイサギ、ダイサギ、チュウサギ（？）、ダイサギ、ヘラサギ、ダイサギ。これぞまさに「オレオレ詐欺」
4　休息中のトモエガモ（メス）の上をアキアカネが「行ってきま～す」
5　エゾシカ（オス）を尻目にオジロワシのつがいが「今日もお疲れさま」
6　「恋の季節にポカポカ陽気」。夏毛への毛変わり途中で恍惚とするエゾユキウサギの鼻先にチュウヒ若鳥（メス）が舞い降りた

4
5
6

勇猛果敢

沼に浮かぶ流木の上でオオタカが休息していた。自分より大きな相手も捕食する果敢な猛禽だ。突然飛び立った。獲物を見つけたのだろうか。

動物社会2

原野の動物たちは互いの存在をどれぐらい意識しているのだろうか。顔なじみの動物もいれば、新参者との出合いもある。個体により性格も違うから、出合いはいつも一期一会だ。原野は予想外の出来事に満ちている。

1　キタキツネの前で枯れ草と戯れるタンチョウ
2　（上から）トビ、チュウヒ（メス）、ハシボソガラス
3　獲物のカモを食べるオジロワシ。チュウヒ（上）とハシブトガラスがおこぼれを狙う
4～6　チュウヒの小競り合いを眺めるタンチョウ

4
5
6

群れ

渡りや越冬期の採餌休息時には、鳥たちが群れているのをよく見かける。天敵の捕食者から身を守るためだ。群れることで、監視の目が増えて死角が減る。天敵の接近に気づけば、あとは一目散に逃げるだけだ。

1　飛び立ったスズメの群れに1羽だけベニヒワ（オス）が混じる（写真中央やや左）
2　メマツヨイグサの種を巡り激しい争いを始めたベニヒワたち
3　クッチャロ湖で越冬するコハクチョウとオナガガモ、マガモたち
4　牧草ロールに付いた虫に群がるムクドリたち

3

4

戯れか、生きる知恵か

1

2　3　4　5

カラスは賢くていたずら好きだ。他の鳥や動物たちをからかったり嫌がらせをしたりして楽しんでいるようだ。特にワシやタカなどの猛禽類にモビングする者が多く、何羽かで協力して行うことも多い。餌を食べるのに夢中のワシやキタキツネの尾を引っ張ったり、背中に乗ったり……。

1　ハシブトガラスがオジロワシを追い立てる
2　オジロワシの腰に乗るハシボソガラス
3　ナベヅルをからかうハシボソガラス
4　オジロワシの尾羽をくわえようとするハシボソガラス
5　休息していたオオワシにモビングするハシブトガラス
6　チュウヒ（オス）をからかいながら飛ぶハシブトガラス
7　エゾユキウサギにつきまとうハシブトガラスたち
8　エゾシカの死骸に夢中のキタキツネの背に乗るハシブトガラス
9　オオタカの頭上で騒ぎ立てるハシブトガラス

雪の妖精

近年すっかり人気者になったシマエナガ。容姿はかれんだが、片時もじっとしていないため、動きをとらえることは難しい。春先、大好物の樹液を飲みにきた時だけが例外だ。

1 手のひらサイズのシマエナガ
2 身軽なので木の幹に横になって止まれる
3 羽ばたき
4 イタヤカエデの樹液が大好物
5 3月、樹液に集まるシマエナガたち

4

5

▶ 12月1日　13:08

沼を見渡せるお気に入りの止まり場で羽を休めるオジロワシ夫婦

索引 

索引

著者略歴 

富士元寿彦（ふじもと・としひこ）

1953年北海道幌延町生まれ。物心が付くころから大の動物好きで、ハンターの父とともに野山を走る。71年ごろから動物を中心にした写真撮影を始め、カメラ雑誌などの写真コンテストに入選多数。76年からフリーカメラマンとなり、自然科学誌「自然」（中央公論社）、動物専門誌「アニマ」（平凡社）などで写真を発表。厚生省児童福祉文化奨励賞、平凡社準アニマ賞受賞。

主な著書に『野ウサギの四季』（平凡社）、『子うさぎチャメの1年』（大日本図書）、『利尻・礼文・サロベツ植物・花図鑑』（偕成社）、『ぼくはクロテン』（大日本図書）、『エゾフクロウ』『エゾモモンガ』『エゾシマリス』『原野の鷲鷹』『北海道の動物たちはこうして生きている』『エゾユキウサギ、跳ねる』（以上北海道新聞社）、『ユキウサギのチッチ』（亜璃西社）などがある。

取材協力（敬称略）
石川敏、石川真理子、岩澤光子、面敏夫、川崎正大、今野怜、正田實、田中克夫、長谷部真、疋田英子、富士元盛二、幌延町、幌延町教育委員会

編集　仮屋志郎（北海道新聞社出版センター）
構成・デザイン・DTP　蒲原裕美子（時空工房）

北海道サロベツ原野
鳥たちの365日

2020年6月19日　初版第1刷発行

著　者　富士元寿彦（ふじもととしひこ）
発行者　五十嵐正剛
発行所　北海道新聞社
〒060-8711　札幌市中央区大通西3丁目6
出版センター（編集）電話 011-210-5742
（営業）電話 011-210-5744
印刷所　株式会社アイワード

乱丁・落丁本は出版センター（営業）に
ご連絡くださればお取り換えいたします。

ISBN978-4-89453-994-5